# Besuch auf Schloss "Geomeo"

## Einführung der geometrischen Formen "Viereck" und "Kreis" für die 3. Klasse

Katrin Niemann

**Bibliografische Information der Deutschen Nationalbibliothek:**

Die Deutsche Nationalbibliothek verzeichnet diese Publikation in der Deutschen Nationalbibliografie; detaillierte bibliografische Daten sind im Internet über http://dnb.d-nb.de abrufbar.

ISBN: 9783638763905
Dieses Buch ist auch als E-Book erhältlich.

© GRIN Publishing GmbH
Nymphenburger Straße 86
80636 München

Druck und Bindung: Books on Demand GmbH, Norderstedt Germany
Gedruckt auf säurefreiem Papier aus verantwortungsvollen Quellen

Das Buch bei GRIN: https://www.grin.com/document/46446

| Schule: | Förderzentrum *** |
|---|---|
| Klasse: | 3 |
| Datum: | 19.10.2005 |
| Zeit: | 8.40 – 9.25 |
| Fach: | Mathematik/Geometrie |
| Thema der Stunde: | Die Gespenster von Schloss „Geomeo" |
| Stellung in der Stoffeinheit: | Einführung der geometrischen Formen Viereck und *Kreis* |

Stellung der Stunde:

| F/Wdh. | Ei. | F |
|---|---|---|
| Einf. der geometrischen Formen: Drei-, Rechteck, Quadrat, Kreis | Rechteck, Quadrat | Festigung Dreieck, Rechteck, Quadrat, Kreis |

# Inhaltsverzeichnis

## 1. Lehr- und Lernziele

### 1.1. Grobziel

- Die Schüler wiederholen und festigen die Begriffe *Viereck, Dreieck* und *Kreis* sowie deren Merkmale.

### 1.2. Feinziele

*Kognitive Ziele:*

Die Schüler sollen:

- Vier-, Dreiecke und Kreise erkennen und benennen;
- die Merkmale der geometrischen Formen *Viereck, Dreieck* und *Kreis* benennen und die Begriffe „gegenüberliegend"; „gleichlang"; Eckpunkt" und „Seite" dazu verwenden
- die Gespensterformen den geometrischen Formen (Drei-, Viereck und Kreis) im Schloss und an der Tafel zuordnen;
- die geometrischen Formen mit realen Abbildern auf dem AB verbinden;

*Sprachheilpädagogische Ziele:*

syntaktisch – morphologische Ebene:

- Anregen von Satzbildung durch Satzmusterangebote in Form freien Sprechens zu den Gespenstern/ im Gespräch/ beim Auswertungsgespräch zur Ergebnisdarstellung (alle, bes. Ch., Philipp, J., S.)
- korrektives Feedback (M., T., J., Ch.)

semantisch – lexikalische Ebene

- Verstehenssicherungen durch Wiederholung der Aufgabenstellungen (K., J., S.)
- Sprechfreude durch die Einstiegsgeschichte fördern, indem sich die Kinder frei zum Schloss äußern können (alle)

phonetisch – phonologische Ebene

- korrektives Feedback (J., Ch.)
- Anregen zur deutlicher Artikulation durch Lautgebärden (D., J., Ch.)

*Sensomotorische Ziele:*

· Förderung der taktilen Wahrnehmung durch Ertasten der Formen im Säckchen (alle, bes. Philipp)

*Soziale Ziele:*

· Anregung der Lernfreude und Motivation durch den Einstieg (alle, bes. K., Ch., D., Philipp)
· Förderung gegenseitiger Rücksichtnahme und Unterstützung beim Partnerlernen (bes. Ch., I., V.)

*Diagnostische Absichten:*

· Gelingt das Ertasten der Formen im Fühlsäckchen (Ch., S., J.)?
· Gelingt die Zuordnung der Formen bzw. der Transfer der Bilder mit realen Gegenständen auf die geometrischen Formen an der Tafel (K., J.)?

## 2. Sachanalyse

Geometrie bedeutet wörtlich übersetzt Erdmessung und ist dem Griechischen entlehnt. Die ursprüngliche Bedeutung gibt Hinweise auf den Ursprung dieses mathematischen Teilgebiets. Meyers Taschenlexikon versteht unter Geometrie ein Teilgebiet der Mathematik, welches „sich mit der Größe, Gestalt, gegenseitiger Lage und Richtung von ebenen und räumlichen Figuren befasst"[1].

Geometrie kann in die euklidische, nichteuklidische Geometrie, Planimetrie, Stereometrie, sphärische, darstellende und analytische Geometrie untergliedert werden.

In der vorliegenden Stunde bilden die geometrischen Formen den Inhaltsschwerpunkt. Diese sind zur Planimetrie (Geometrie der Ebene) zu zählen.

### Kreis

Der Kreis ist der geometrische Ort aller Punkte der Ebene, die von einem festen Punkt M den gleichen Abstand r haben. M ist der Mittelpunkt bzw. das Zentrum und r der Radius des Kreises. Jede Strecke, die den Mittelpunkt M mit einem Punkt des Kreises verbindet, wird ebenfalls als Radius bezeichnet. Durchmesser heißen diejenigen Strecken, die zwei Kreispunkte verbinden und dabei den Mittelpunkt enthalten[2] ().

Bezogen auf die vorliegende Unterrichtsstunde sind lediglich die charakteristischen Merkmale für die geometrische Form Kreis, d.h. dass dieser rund ist und keine Ecken aufweist, von Bedeutung.

### Dreieck

Verbindet man drei Punkte nicht auf einer Gerade gelegene Punkte A, B, C, so entsteht ein ebenes Dreieck. Dabei werden die Eckpunkte mit A, B, C, die gegenüberliegenden Seiten mit a, b, c und die Innenwinkel mit $\alpha$, $\beta$, $\gamma$ bezeichnet. Für das ebene Dreieck gilt immer der Satz von der Winkelsumme: $\alpha + \beta + \gamma = 180°$.

Man unterscheidet hinsichtlich der Winkelgröße in stumpfwinklige, rechtwinklige und spitzwinklige Dreiecke. Teilt man Dreiecke nach der Länge ihrer Seiten ein, ergeben sich drei verschiedene Arten:

- gleichschenklig (zwei Seiten sind gleich lang)
- gleichseitig (alle drei Seiten sind gleich lang, jeder Winkel beträgt 60°)
- beliebiges Dreieck (alle drei Seiten sind unterschiedlich lang).

---

[1] vgl. Meyers Taschenlexikon Bd. 4, S. 59
[2] vgl. Duden, Rechnen und Mathematik, S.343

Für die Schüler wird bei dieser Form der Ebene von Belang sein, dass sie drei Ecken und drei Seiten hat. Die verschiedenen Arten des Dreiecks werden nicht thematisiert.

*Viereck*

Das Viereck ist eine ebene Figur, die entsteht, wenn man vier Punkte A, B, C und D einer Ebene, von denen keine drei auf einer Geraden liegen, durch vier Strecken verbindet. Die Strecke AB nennt man die Seite a, die Strecke BC heißt Seite b, die Strecke CD wird als Seite c bezeichnet und die Strecke DA nennt man Seite d. Außer den vier Eckpunkten haben die vier Seiten keine weiteren gemeinsamen Punkte. Analog zum Dreieck bezeichnet man die vier Innenwinkel mit den kleinen griechischen Buchstaben $\alpha$, $\beta$, $\gamma$ und $\delta$. Die Summe der Innenwinkel beträgt im Viereck immer 360°. Der Winkelgrad und die Länge der einzelnen Strecken können dabei unterschiedlich groß sein.

Sonderfälle des Vierecks:

*Rechteck*

Sind alle Innenwinkel eines Vierecks gleich groß, nämlich 90°, nennt man diese geometrische Figur Rechteck. Beim Rechteck sind zwei sich gegenüberliegende Seiten gleich lang und sie sind parallel.

*Quadrat*

Ein Quadrat ist ein Rechteck mit vier gleich langen Seiten. Die Diagonalen des Quadrats sind gleich lang, halbieren einander, sind rechtwinklig zueinander und teilen die Innenwinkel in zwei gleich große Hälften. Man bezeichnet das Quadrat als regelmäßiges Viereck, da es vier gleich lange Seiten und vier gleich große Winkel hat. Das Quadrat besitzt vier Symmetrieachsen (zwei Diagonalen und zwei Mittellinien) und ist punktsymmetrisch zum Mittelpunkt M.

*Trapez*

*Parallelogramm*

*Rhombus*

In der vorliegenden Stunde wird nur das Viereck eine Rolle spielen. Dabei werden die rechten Winkel und die Diagonalen nicht thematisiert. Wichtig ist, dass die Schüler „vier Eckpunkte" und „gleichlange gegenüberliegende Seiten" als Merkmale des Vierecks erkennen.

Auf die Sonderformen Trapez, Parallelogramm und Rhombus wird verzichtet, da sie noch nicht Gegenstand des Geometrieunterrichts in Klasse 3 sind.

## 3. Bedingungsanalyse

3.1 Beschreibung der Lerngruppe hinsichtlich der Stunde

In der Klasse lernen zurzeit 11 Kinder - vier Mädchen und acht Jungen. Heute sind 9 Schüler/Innen anwesend. Franziska befindet sich bis Dezember mit ihrer Mutter in einer Mutter – Kind – Kur. Philipp liegt diese Woche krank im Bett.

Zu Beginn des Schuljahres wurden Mi. und V. in der Klasse neu begrüßt. Mi. hat seine anfängliche Zurückhaltung abgelegt und sich in der Gruppe gut eingelebt. Gleiches gilt auch für V.. Sie war aber von Anfang an sehr kontaktfreudig und ging auf ihre Mitschüler zu.

Insgesamt ist die Zusammensetzung der Klasse hinsichtlich des Lernniveaus als sehr heterogen zu bewerten. Während D., Mi. und I. weitestgehend selbständig arbeiten können, brauchen besonders K., J., T. und S. individuelle Betreuung.

Die räumlichen Bedingungen machen Wochenplan - , Gruppen- und Projektarbeit möglich. Der Klassenraum ist groß, übersichtlich und hell. Die offenen Unterrichtsformen werden von den Schülern gern angenommen, da sie ihre Selbständigkeit fördert und auch das Selbstbewusstsein stärkt (bes. D.).

Hinsichtlich des Sozialverhaltens ist zu sagen, dass nach Einführung eines „Klassenvertrages" zu Beginn des Schuljahres ein gesteigertes Unrechtsbewusstsein bei den Schülern zu bemerken ist. Die Schüler achten auf die Umgangsformen und teilen sich ihr Befinden auch gegenseitig mit. Bis auf K. und Ch. nehmen die meisten Kinder diese Umgangsregeln sehr gut an.

## 3.2 Individuelle Lernvoraussetzungen hinsichtlich der Stunde

**M., geb. 29.03.1997**

Schullaufbahn:
- Einschulung 2003 in Klasse 1 der allgemeinen Förderschule***

| Lern- und Arbeitsverhalten | Sprache / Kommunikation | Wahrnehmung / Motorik | Emotionales / soziales Verhalten | Schulleistung / Selbsthilfe | Kognitive Voraussetzung |
|---|---|---|---|---|---|
| - arbeitet sauber, genau und ordentlich<br>- leicht zu motivieren<br>- Freude an gestalterischen Tätigkeiten<br>- anstrengungsbereit<br>- arbeitet gerne mit anderen zusammen | Syntaktisch – morphologische Ebene<br>- freies Erzählen leicht dysgrammatisch, z.B.: tw. fehlerhafte Komparation der Adjektive<br>- Pluralbildung der Ausnahmefälle wie „Laster – die Laster"<br><br>semantisch – lexikalische Ebene<br>- Wortschatz nicht altersgerecht – z.B. Oberbegriffe<br><br>pragmatisch – kommunikative Ebene<br>- erzählt gerne und viel<br>- phantasievoll<br>- im Unterricht themenbezogen aktiv | - Koordination von Bewegungsabläufen entwicklungsbedürftig<br>- eingeschränkte Körperwahrnehmung<br>- Grob- und Feinmotorik beeinträchtigt und verlangsamt<br>- Rhythmisch – melodische Differenzierungsprobleme | - GrundsT rmung relativ ausgeglichen, freundlich<br>- zeigt keine Berührungsängste gegenüber Mitschülern und Erwachsenen<br>- fügt sich in den Klassenverband ein<br>- lässt sich gern bei Aufgaben helfen | Geometrie<br>- arbeitet sauber mit Lineal und Bleistift<br>- Umgang mit Lineal und Bleistift ist relativ sicher<br>- Merkmale geometrischer Formen müssen gefestigt werden<br>- Probleme beim selbstständigen Erschließen von Aufgabenstellungen<br>- gute Raumwahrnehmung | - Denkoperation auf Basis konkreter Anschauung und gegenständlich – praktischen Handelns<br>- kurze Aufmerksamkeitsspanne, konzentrationsschwach<br>- Kurz- und Langzeitgedächtnis gering<br>- erfasst einfachste Zusammenhänge mit Hilfe |
| Sonderpädagogische Konsequenzen | | | | | |
| - klare, kleinschrittige Handlungsanweisungen mit Anschauungen und Beispielen unterstützen<br>- Förderung der Eigeninitiative und Ergebnisfreude zur Lernmotivation<br>- Aufrechterhalten der Kooperationsbereitschaft durch Partner- und Gruppenarbeit | - Satzmusterangebote<br>- Akustische und rhythmische Hilfen zum Sprechen (Musik, Wiegen, Klatschen) | - durch Ertasten der unterschiedlichen geometrischen Formen taktile Wahrnehmung fördern | - Loben der entwickelten Selbstständigkeit<br>- Motivation zum selbstständigen Arbeiten | - Festigung und Stabilisierung bislang erworbener Kenntnisse und Fertigkeiten<br>- Mathematische Übungen im lebenspraktischen Bereich (Uhrzeit, Mengen ablesen)<br>- Förderung der Feinmotorik und Handlungssteuerung | - Schulung des Kurz- und Langzeitgedächtnis durch Übungen (Memory, Rückblende Tagesablauf, Wiederholungen)<br>- Handlungsvorstellungen durch klar strukturierte, in der Reihenfolge feststehenden Handlungsabläufen |

Schullaufbahn:
- Einschulung 2003 in die 1. Klasse der allgemeinen Förderschule ***
- Sprachförderung

| Lern- und Arbeitsverhalten | Sprache / Kommunikation | Wahrnehmung / Motorik | Emotionales / soziales Verhalten | Schulleistung / Selbsthilfe | Kognitive Voraussetzung |
|---|---|---|---|---|---|
| - ist anstrengungsbereit<br>- arbeitet relativ selbstständig<br>- arbeitet lieber für sich als mit einem Partner<br>- führt Arbeiten auch ohne Aufforderung selbstständig durch<br>- leicht ablenkbar | syntaktisch – morphologische Ebene<br>- Komparation der Adjektive<br>- Perfektbildung<br>- Leicht dysgrammatisch beim freien Erzählen<br>phonematisch – phonologische Ebene<br>- partielle Dyslalie im Inlaut: /z/, /kl/, /tr/, /kn/; /ʃ/<br>pragmatisch – kommunikative Ebene<br>- geringe sprachliche Merkfähigkeit<br>- kommunikationsfreudig<br>semantisch – lexikalische Ebene<br>- Wortschatz nicht altersgerecht<br>- Begriffsbildung ein geschränkt | - Förderbedarf beim Herstellen von Raum – Lage – Beziehungen (optische Wahrnehmung) | - freundlich und aufgeschlossen, bei allen beliebt<br>- sehr hilfsbereit<br>- steht gerne im Mittelpunkt; reagiert zuweilen nicht angemessen | Geometrie<br>- Umgang mit Lineal und Bleistift ist sicher, arbeitet aber nicht immer sorgfältig<br>- Orientierung im Heft unsicher<br>- Begriffsbildung hinsichtlich geomet. Ausdrücke unsicher | - Denkoperation auf Basis konkreter Anschauung und gegenständlich – praktischen Handelns<br>- kurze Aufmerksamkeitsspanne, konzentrationsschwach<br>- erfasst einfachste Zusammenhänge mit Hilfe |
| **Sonderpädagogische Konsequenzen** | | | | | |
| - klare Handlungsanweisungen mit Anschauungen und Beispielen unterstützen<br>- Förderung der Kooperationsbereitschaft durch Partner- und Gruppenarbeit | - Unterstützung der Sprechfreude durch Sprachgestaltungsübungen (Bewegungs- und Rollenspiele)<br>- korrektives Feedback<br>- Erweiterung des Wortschatzes | - Förderung der visuellen Wahrnehmungsbereiche durch Aufgaben zur räumlichen Orientierung<br>- Lernen mit allen Sinnen | - durch Lob, Motivation und eine entspannte Lernatmosphäre wird eine Aufrechterhaltung der Lernfreude gewährleistet<br>- Schulung der Urteils- und Kritikfähigkeit durch Auswertungen und Selbstreflexion | - Festigung und Stabilisierung bislang erworbener Kenntnisse und Fertigkeiten<br>- Mathematische Übungen im lebenspraktischen Bereich (Uhrzeit, Mengen ablesen)<br>- Förderung der Feinmotorik und Handlungssteuerung | - Schulung des Kurz- und Langzeitgedächtnis durch Übungen (Wiederholungen)<br>- Handlungsvorstellungen durch klar strukturierte Handlungsabläufe |

10

Ch., geb. 22.02.1997

Schullaufbahn:
- Einschulung 2003 in die 1. Klasse der allgemeinen Förderschule***
- zentralauditive Verarbeitungsschwäche, zu große Rachenmandeln; Hörgeräte (trägt sie aber kaum)
- Ergotherapie
- Sprachförderung

| Lern- und Arbeitsverhalten | Sprache / Kommunikation | Wahrnehmung / Motorik | Emotionales / soziales Verhalten | Schulleistung / Selbsthilfe | Kognitive Voraussetzung |
|---|---|---|---|---|---|
| • schwer motivierbar (interessengebunden und von der Tagesform abhängig) • eingeschränkt anstrengungsbereit • individuelle Hilfe in vielen Situationen notwendig • geringes Aufgabenverständnis • arbeitet lieber für sich als mit einem Partner • führt Arbeiten auch ohne Aufforderung selbstständig durch | syntaktisch – morphologische Ebene • Komperation der Adjektive • Pluralbildung • spricht stark dysgrammatisch: Satzgliedstellung, Verbzweitstellung betroffen, Artikel; Flexion der Verben und Substantive phonematisch – phonologische Ebene • multiple Dyslalie im Inlaut: /r/,/ch1/2 /,/d/; Anlaut - alle Lautverbindungen mit /r/ nach Konsonanten, /kn/,/bl/,/fl/ • Paralalie: /l/ ersetzt andere Laute semantisch – lexikalische Ebene • Wortschatz nicht altersgerecht • Begriffsbildung eingeschränkt | • auffällige Feinmotorik zeigt sich beim Zeichnen und Schreiben auf der Linie • Grobmotorik auffällig (steife Bewegungsabläufe) • optische Wahrnehmung im Bereich von Raum-Lage-Beziehungen eingeschränkt | • introvertiert • nicht empathiefähig • mangelnde Impulskontrolle (aggressives Verhalten gegenüber Mitschülern – oft unabsichtlich) • provoziert • Kann sich nicht reflektieren | Geometrie • Orientierung im Heft fällt schwer • Umgang mit Lineal und Bleistift schwierig aufgrund der eingeschränkten Feinmotorik • Merkmale bereits gelernter geometrischer Figuren gefestigt | • *kein Problemlöseverhalten* • Denkoperation auf Basis konkreter Anschauung und gegenständlich – praktischen Handelns • kurze Aufmerksamkeitsspanne, konzentrationsschwach |
| **Sonderpädagogische Konsequenzen** | | | | | |
| • Anforderungen abschätzen lernen (eigene Einteilung der zu bewältigenden Aufgabenmenge) • Förderung der Kooperationsbereitschaft durch Partner- und Gruppenarbeit • klare und kleinschrittige Handlungsanweisungen geben und mit Beispielen unterstützen | • Logopädie • Verstehenssicherung durch Wiederholung und zugewandte Sprechhaltung; genaue und deutliche Artikulation (Sprachvorbild) | • Bewegungsfreude und Beweglichkeit durch Anbieten von unterschiedlichen Bewegungsformen fördern • Wahrnehmung durch „Lernen mit allen Sinnen fördern, insbesondere taktile, auditive W. • Ergotherapie • progressive Muskelentspannung (Wechsel zwischen An- und | • durch Lob, Motivation und eine entspannte Lernatmosphäre wird eine Aufrechterhaltung der Lernfreude gewährleistet • Schulung der Urteils- und Kritikfähigkeit durch regelmäßige Auswertungen | • kleinschrittiges Vorgehen im Umgang mit Arbeitsmaterialien • Wiederholung der Arbeitsschritte durch den Schüler | - Lang- und Kurzzeitgedächtnis schulen (Memory, Rückblende Tages und Stundenverlauf, Wiederholungsaufgaben) -einfache Zusammenhänge sichtbar machen (Bilderfolgen legen und erkennen lassen) - Schulung der Handlungsvorstellungen durch klar strukturierte, in der Reihenfolge feststehende Handlungsabläufe - Entscheidungsfähigkeit fördern durch Anbieten von Wahlmöglichkeiten |

11

- Entspannungsübungen) zur Förderung der Körperwahrnehmung und Sensibilisierung
- Förderung im graphomotorischen Bereich
- Übungen im visuellen Bereich zur räumlichen Orientierung durch z.B. Bildvergleiche, Ordnungsverhältnisse, etc.

**J., geb. 01.04.1997**
- Einschulung 2003 in die 1. Klasse der allgemeinen Förderschule ***
- Brillenträgerin
- Ergotherapie

| Lern- und Arbeitsverhalten | Sprache / Kommunikation | Wahrnehmung / Motorik | Emotionales / soziales Verhalten | Schulleistung / Selbsthilfe | Kognitive Voraussetzung |
|---|---|---|---|---|---|
| - eingeschränktes Aufgabenverständnis, sehr leicht ablenkbar<br>- geringe Merkfähigkeit, kurze Aufmerksamkeitsspanne, konzentrationsschwach<br>- sehr langsames Arbeitstempo<br>- manchmal wenig anstrengungsbereit | Phonation<br>- spricht sehr leise, undeutlich<br>phonematisch – phonologische Ebene<br>- Paralalie: ersetzt /g/ durch /k/; /g/ durch /d/<br>- Artikulation undeutlich und verwaschen<br>- partielle Dyslalie: Lautverbindungen /kn/ und /gl/ im Inlaut<br>semantisch – lexikalische Ebene<br>- fehlerhafte syntaktische Decodierung (geringes Sprachverständnis)<br>- spricht sehr leise und undeutlich, wortweise<br>- Wortfindungsstörungen<br>pragmatisch – kommunikative Ebene<br>- geringes Sprachverständnis<br>- Sprachgedächtnis unterdurchschnittlich<br>- beim Erzählen kaum logische Zusammenhänge; Auslassen wichtiger Details<br>syntaktisch-morphologische | - auffällige Grob- und Feinmotorik: unflüssige Bewegungsabläufe, kaum Muskelspannung (hypoton)<br>- Wahrnehmung eingeschränkt im auditiven, taktil-kinästhetischen, rhythmisch-melodischen und optischen (räuml. Orient.) Bereich | - Grundst̄mmung sehr ausgeglichen, freundlich, hilfsbereit<br>- sucht immer Körperkontakt, manchmal distanzlos<br>- zeigt keine Berührungsängste gegenüber Mitschülern und Erwachsenen<br>- fügt sich in den Klassenverband ein<br>- lässt sich sehr gern bei Aufgaben helfen<br>- braucht viel Lob und Bestätigung | Geometrie<br>- arbeitet sehr langsam und unsicher im Umgang mit Lineal und Bleistift<br>- Merkmale geometrischer Formen müssen gefestigt werden<br>- Probleme beim selbständigen Erschließen von Aufgabenstellungen<br>- Probleme bei der räumlichen Orientierung | - Denkoperation auf Basis konkreter Anschauung und gegenständlich - praktischen Handelns<br>- kurze Aufmerksamkeitsspanne, konzentrationsschwach<br>- Kurz- und Langzeitgedächtnis gering<br>- erfasst einfachste Zusammenhänge mit Hilfe |

| | Ebene | Sonderpädagogische Konsequenzen | | | | |
|---|---|---|---|---|---|---|
| • klare, kleinschrittige Handlungsanweisungen mit Anschauungen und Beispielen unterstützen<br>• Förderung der Eigeninitiative und Ergebnisfreude zur Lernmotivation<br>• Aufrechterhalten der Kooperationsbereitschaft durch Partner- und Gruppenarbeit<br>• *Wiederholung von* Aufgabenstellungen zur Verstehenssicherung<br>• Aufgabenvariation zur Förderung des Aufgabenverständnisses<br>• Förderung der Selbstständigkeit und des Selbstbewusstseins durch eigene Arbeitsaufträge bzw. Selbstkontrolle<br>• Arbeit mit der Stoppuhr | • Artikel, Pluralbildung; Komparation der Adjektive<br>• korrektives Feedback auf allen Ebenen<br>• Spiele bzw. Anregungen zur Wortschatzerweiterung und zur Förderung des Sprachgedächtnisses anbieten<br>• Förderung mit dem Schwerpunkt Artikulation | • progressive Muskelentspannung bzw. Übungen zum Spannungsaufbau und Sensibilisierungstraining zur Körperwahrnehmung / -kräftigung<br>• Übungen im visuellen Bereich zur räumlichen Orientierung durch z.B. Bildvergleiche, Ordnungsverhältnisse, etc.<br>• Förderung der Feinmotorik | • Loben der entwickelten Selbstständigkeit<br>• Motivation zum selbstständigen Arbeiten | • Übungen zu Raum – Lage - Beziehungen, Figur – Grund - Wahrnehmung<br>• Mathematische Übungen im lebenspraktischen Bereich (Uhrzeit, Mengen ablesen)<br>• Förderung der Feinmotorik und Handlungssteuerung | • Schulung des Kurz- und Langzeitgedächtnis durch Übungen (Memory, Rückblende Tagesablauf, Wiederholungen)<br>• Handlungsvorstellungen durch klar strukturierte, in der Reihenfolge feststehenden Handlungsabläufen |

13

**T., geb. 30.01.1997**
- Einschulung 2003 in die 1. Klasse der allgemeinen Förderschule ***

| Lern- und Arbeitsverhalten | Sprache / Kommunikation | Wahrnehmung / Motorik | Emotionales / soziales Verhalten | Schulleistung / Selbsthilfe | Kognitive Voraussetzung |
|---|---|---|---|---|---|
| - eingeschränktes Aufgabenverständnis, sehr leicht ablenkbar<br>- geringe Merkfähigkeit, kurze Aufmerksamkeitsspanne, konzentrationsschwach<br>- sehr langsames Arbeitstempo<br>- manchmal wenig anstrengungsbereit, interessengebunden | <u>syntaktische - morphologisch Ebene</u><br>- Pluralbildung<br><u>semantisch – lexikalische Ebene</u><br>- fehlerhafte syntaktische Decodierung (geringes Sprachverständnis)<br>- geringer Wortschatz | - auffällige Grob- und Feinmotorik<br>- Differenzierungsfähigkeit eingeschränkt im rhythmisch-melodischen, phonematischen und optischen Bereich | - GrundsT.mung sehr ausgeglichen, freundlich, hilfsbereit<br>- fügt sich in den Klassenverband ein<br>- lässt sich sehr gern bei Aufgaben helfen<br>- braucht viel Lob und Bestätigung | <u>Geometrie</u><br>- arbeitet sehr langsam und unsicher im Umgang mit Lineal und Bleistift<br>- Merkmale geometrischer Formen müssen gefestigt werden<br>- Probleme beim selbstständigen Erschließen von Aufgabenstellungen<br>- Probleme bei der räumlichen Orientierung | - Denkoperation auf Basis konkreter Anschauung und gegenständlich praktischen Handelns<br>- kurze Aufmerksamkeitsspanne, konzentrationsschwach<br>- Kurz- und Langzeitgedächtnis gering<br>- erfasst einfachste Zusammenhänge mit Hilfe |
| | | **Sonderpädagogische Konsequenzen** | | | |
| - klare, kleinschrittige Handlungsanweisungen mit Anschauungen und Beispielen unterstützen<br>- Förderung der Eigeninitiative und Ergebnisfreude zur Lernmotivation<br>- *Wiederholung* von Aufgabenstellungen zur Verstehenssicherung<br>- Aufgabenvariation zur Förderung des Aufgabenverständnisses<br>- Förderung der Selbständigkeit und des Selbstbewusstseins durch eigene Arbeitsaufträge bzw. Selbstkontrolle | - korrektives Feedback auf allen Ebenen<br>- Spiele bzw. Anregungen zur Wortschatzerweiterung und zur Förderung des Sprachgedächtnisses anbieten | - Übungen im visuellen Bereich zur räumlichen Orientierung durch z.B. Bildvergleiche, Ordnungsverhältnisse, etc.<br>- Spiele zur rhythmischen und melodischen Förderung im Musik- und / bzw. Sportunterricht<br>- Psychomotorische Übungen zur Schulung der Körperwahrnehmung (taktil, kinästhetisch, etc.) einsetzbar in allen Unterrichtsfächern<br>- Förderung der Feinmotorik | - Loben der entwickelten Selbstständigkeit<br>- Motivation zum selbstständigen Arbeiten | - Übungen zu Raum – Lage-Beziehungen, Figur – Grund - Wahrnehmung<br>- Mathematische Übungen im lebenspraktischen Bereich (Uhrzeit, Mengen ablesen)<br>- Förderung der Feinmotorik und Handlungssteuerung | - Schulung des Kurz- und Langzeitgedächtnis durch Übungen (Memory, Rückblende Tagesablauf, Wiederholungen)<br>- Handlungsvorstellungen durch klar strukturierte, in der Reihenfolge feststehenden Handlungsabläufen |

14

S., geb. 30.06.1996
- Einschulung 2003 in die 1. Klasse der allgemeinen Förderschule***
- Linkshänder

| Lern- und Arbeitsverhalten | Sprache / Kommunikation | Wahrnehmung / Motorik | Emotionales / soziales Verhalten | Schulleistung / Selbsthilfe | Kognitive Voraussetzung |
|---|---|---|---|---|---|
| - eingeschränktes Aufgabenverständnis, sehr leicht ablenkbar<br>- geringe Merkfähigkeit, kurze Aufmerksamkeitsspanne, konzentrationsschwach<br>- sehr langsames Arbeitstempo | syntaktisch – morphologisch<br>- Plural-, Perfektbildung; Komperation der Adjektive (Superlativ); Flexion<br>semantisch – lexikalische Ebene<br>- geringe auditive Merkfähigkeit, Sprachgedächtnis | - auffällige Grob- und Feinmotorik<br>- Differenzierungsfähigkeit eingeschränkt im rhythmisch-melodischen, phonematischen und optischen Bereich | - ruhig, freundlich, aufgeschlossen und in der Klasse integriert, hilfsbereit braucht immer positive Bestätigung seiner Handlungen<br>- ausgeprägtes Gerechtigkeitsempfinden | Geometrie<br>- arbeitet sehr langsam und unsicher im Umgang mit Lineal und Bleistift<br>- Merkmale geometrischer Formen müssen gefestigt werden<br>- Probleme beim selbstständigen Erschließen von Aufgabenstellungen<br>- Probleme bei der räumlichen Orientierung im Heft, und im Raum | - Denkoperation auf Basis konkreter Anschauung und gegenständlich – praktischen Handelns<br>- kurze Aufmerksamkeitsspanne, konzentrationsschwach<br>- Kurz- und Langzeitgedächtnis gering<br>- erfasst einfachste Zusammenhänge mit Hilfe |
| **Sonderpädagogische Konsequenzen** | | | | | |
| - klare, kleinschrittige Handlungsanweisungen mit Anschauungen und Beispielen unterstützen<br>- Spiele bzw. Anregungen zur Wortschatzerweiterung und zur Förderung der Eigeninitiative und Ergebnisfreude zur Lernmotivation<br>- Wiederholung von Aufgabenstellungen zur Verstehenssicherung<br>- Aufgabenvariation zur Förderung des Aufgabenverständnisses<br>- Förderung der Selbstständigkeit und des Selbstbewusstseins durch eigene Arbeitsaufträge bzw. Selbstkontrolle | - korrektives Feedback auf allen Ebenen<br>- Spiele bzw. Anregungen zur Wortschatzerweiterung und zur Förderung des Sprachgedächtnisses anbieten | - Übungen im visuellen Bereich zur räumlichen Orientierung durch z.B. Bildvergleiche, Ordnungsverhältnisse, etc.<br>- Spiele zur rhythmischen und melodischen Förderung im Musik- und / bzw. Sportunterricht<br>- Psychomotorische Übungen zur Schulung der Körperwahrnehmung (taktil, kinästhetisch, etc.) einsetzbar in allen Unterrichtsfächern<br>- Förderung der Feinmotorik | - Loben der entwickelten Selbstständigkeit<br>- Motivation zum selbstständigen Arbeiten | - Übungen zu Raum – Lage – Beziehungen, Figur – Grund - Wahrnehmung<br>- Mathematische Übungen im lebenspraktischen Bereich (Uhrzeit, Mengen ablesen)<br>- Förderung der Feinmotorik und Handlungssteuerung | - Schulung des Kurz- und Langzeitgedächtnis durch Übungen (Memory, Rückblende Tagesablauf, Wiederholungen)<br>- Handlungsvorstellungen durch klar strukturierte, in der Reihenfolge feststehenden Handlungsabläufen |

K., geb. am
- Einschulung Oktober 2004 in die 2. Klasse der allgemeinen Förderschule in *** (war davor in der DFK)
- Linkshänder

| Lern- und Arbeitsverhalten | Sprache / Kommunikation | Wahrnehmung / Motorik | Emotionales / soziales Verhalten | Schulleistung / Selbsthilfe | Kognitive Voraussetzung |
|---|---|---|---|---|---|
| • eingeschränktes Aufgabenverständnis, sehr leicht ablenkbar<br>• geringe Merkfähigkeit, kurze Aufmerksamkeitsspanne, konzentrationsschwach<br>• extrem langsames Arbeitstempo<br>• keine Anstrengungsbereitschaft<br>• keine Ausdauer und Durchhaltevermögen | pragmatisch – kommunikative Ebene<br>• poltert, wenn er sehr aufgeregt ist | • auffällige Grob- und Feinmotorik (hypoton)<br>• Differenzierungsfähigkeit eingeschränkt im rhythmisch-melodischen, phonematischen und optischen Bereich | • freundliches, manchmal aber auch unangepasstes VH<br>• provoziert gern die Mitschüler<br>• braucht immer positive Bestätigung seiner Handlungen und viel Motivation<br>• kennt seine Grenzen nicht<br>• kann sich nicht reflektieren | Geometrie<br>• arbeitet sehr langsam und unsicher im Umgang mit Lineal und Bleistift<br>• Merkmale geometrischer Formen müssen gefestigt werden<br>• kein selbständiges Erschließen von Aufgabenstellungen mgl.<br>• Probleme bei der räumlichen Orientierung im Heft, und im Raum | • Denkoperation auf Basis konkreter Anschauung und gegenständlich – praktischen Handelns<br>• sehr kurze Aufmerksamkeitsspanne, konzentrationsschwach<br>• erfasst einfachste Zusammenhänge nur mit Hilfe |
| Sonderpädagogische Konsequenzen | | | | | |
| • klare, kleinschrittige Handlungsanweisungen mit Anschauungen und Beispielen unterstützen<br>• Förderung der Eigeninitiative und Ergebnisfreude zur Lernmotivation<br>• Wiederholung von Aufgabenstellungen zur Verstehenssicherung<br>• Aufgabenvariation zur Förderung des Aufgabenverständnisses<br>• Förderung der Selbständigkeit und des Selbstbewusstseins durch eigene Arbeitsaufträge bzw. Selbstkontrolle | • Satzmusterangebote<br>• Atmung schulen | • Übungen im visuellen Bereich zur räumlichen Orientierung durch z.B. Bildvergleiche, Ordnungsverhältnisse, etc.<br>• Spiele zur rhythmischen und melodischen Förderung im Musik- und / bzw. Sportunterricht<br>• Psychomotorische Übungen zur Schulung der Körperwahrnehmung (taktil, kinästhetisch, etc.) einsetzbar in allen Unterrichtsfächern<br>• Förderung der Feinmotorik | • Loben der entwickelten Selbständigkeit<br>• Motivation zum selbständigen Arbeiten<br>• Übungen zur Selbst- und Fremdeinschätzung in Auswertungsgesprächen | • Übungen zu Raum – Lage – Beziehungen, Figur– Grund - Wahrnehmung<br>• Mathematische Übungen im lebenspraktischen Bereich (Uhrzeit, Mengen ablesen)<br>• Förderung der Feinmotorik und Handlungssteuerung | • Repetieren von Aufgabenstellungen als Verstehenssicherung<br>• Handlungsvorstellungen durch klar strukturierte, in der Reihenfolge feststehenden Handlungsabläufe |

16

D., geb. 29.11.1996
- seit Mitte Mai 2005 in der 3. Klasse der allgemeinen Förderschule ***
- operierte LKGS

| Lern- und Arbeitsverhalten | Sprache / Kommunikation | Wahrnehmung / Motorik | Emotionales / soziales Verhalten | Schulleistung / Selbsthilfe | Kognitive Voraussetzung |
|---|---|---|---|---|---|
| - gutes Aufgabenverständnis, sehr leicht ablenkbar<br>- kurze Aufmerksamkeitsspanne, konzentrationsschwach<br>- schnelles Arbeitstempo (interessengebunden)<br>- keine Anstrengungsbereitschaft<br>- kein Durchhaltevermögen | phonetisch – phonologische Ebene<br>- offenes Näseln<br>pragmatisch – kommunikative Ebene<br>- Sprechunlust | - unauffällig | - freundliches, schüchternes VH, aber auch aufbrausend<br>- geringes Selbstbewusstsein sucht nach Bestätigungen seiner Handlungen<br>- hilfsbereit<br>- sehr sensibel | Geometrie<br>- arbeitet selbst ändig, sauber und ordentlich im Heft<br>- räumliche Orientierung gut<br>- Merkmale bereits gelernter geometrischer Figuren gut gefestigt | - Denkoperation auf Basis konkreter Anschauung und gegenständlich – praktischen Handelns<br>- sehr kurze Aufmerksamkeitsspanne, konzentrationsschwach |
| Sonderpädagogische Konsequenzen | | | | | |
| - Förderung der Eigeninitiative und Ergebnisfreude zur Lernmotivation<br>- Förderung der Selbstständigkeit und des Selbstbewusstseins durch eigene Arbeitsaufträge bzw. Selbstkontrolle | - Artikulationstraining / Logopädie, dadurch ><br>- Sprechfreude fördern<br>- Selbstbewusstsein durch Motivation und Lob stärken | | - Loben der entwickelten Selbstständigkeit<br>- Motivation zum selbstständigen Arbeiten<br>- Übungen zur Selbst- und Fremdeinschätzung in Auswertungsgesprächen | | - Handlungsvorstellungen durch klar strukturierte, in der Reihenfolge feststehenden Handlungsabläufen |

V., geb. 19.04.1997
- seit Mitte September 2005 in der 3. Klasse der allgemeinen Förderschule in ***
- nimmt Medikamente

| Lern- und Arbeitsverhalten | Sprache / Kommunikation | Wahrnehmung / Motorik | Emotionales / soziales Verhalten | Schulleistung / Selbsthilfe | Kognitive Voraussetzung |
|---|---|---|---|---|---|
| - geringes Aufgabenverständnis, sehr leicht ablenkbar<br>- sehr kurze Aufmerksamkeitsspanne, konzentrationsschwach<br>- schnelles Arbeitstempo (interessengebunden)<br>- Anstrengungsbereitschaft interessengebunden<br>- keine Ausdauer und Durchhaltevermögen | - bisher unauffällig | - phonematische Differenzierungsschwäche<br>- Optische Differenzierungsschwäche > vertauscht Grapheme<br>- Probleme beim Erkennen Raum – Lage - Beziehungen | - freundliches, hilfsbereit, aber auch aufbrausend<br>- sucht nach Bestätigungen ihrer Handlungen<br>- etwas ungeduldig | Geometrie<br>- arbeitet selbständig, sauber und ordentlich im Heft<br>- räumliche Orientierung fällt schwer<br>- Merkmale bereits gelernter geometrischer Figuren gefestigt | - Denkoperation auf Basis konkreter Anschauung und gegenständlich – praktischen Handelns<br>- sehr kurze Aufmerksamkeitsspanne, konzentrationsschwach |
| **Sonderpädagogische Konsequenzen** | | | | | |
| - Förderung der Eigeninitiative und Ergebnisfreude zur Lernmotivation<br>- Förderung der Selbstständigkeit und des Selbstbewusstseins durch eigene Arbeitsaufträge bzw. Selbstkontrolle | | - Übungen im visuellen Bereich zur räumlichen Orientierung durch z.B. Bildvergleiche, Ordnungsverhältnisse, etc.<br>- Spiele zur rhythmischen und melodischen Förderung im Musik- und / bzw. Sportunterricht | - Loben der entwickelten Selbstständigkeit<br>- Motivation zum selbständigen Arbeiten<br>- Übungen zur Selbst- und Fremdeinschätzung in Auswertungsgesprächen | Handlungsvorstellungen durch klar strukturierte, in der Reihenfolge feststechenden Handlungsabläufen | - Handlungsvorstellungen durch klar strukturierte, in der Reihenfolge feststechenden Handlungsabläufen |

18

**Mi.**
- seit Mitte September 2005 in der 3. Klasse des SFZ***

| Lern- und Arbeitsverhalten | Sprache / Kommunikation | Wahrnehmung / Motorik | Emotionales / soziales Verhalten | Schulleistung / Selbsthilfe | Kognitive Voraussetzung |
|---|---|---|---|---|---|
| - gutes Aufgabenverständnis, sehr leicht ablenkbar<br>- kurze Aufmerksamkeitsspanne, konzentrationsschwach<br>- schnelles Arbeitstempo (interessengebunden)<br>- Anstrengungsbereitschaft interessengebunden<br>- arbeitet sehr selbständig<br>- arbeitet gerne in der Gruppe | - bisher unauffällig | - phonematische Differenzierungsschwäche<br>- Probleme beim Erkennen Raum – Lage - Beziehungen | - freundliches, hilfsbereit, sucht nach Bestätigungen seiner Handlungen<br>- sehr sensibel | Geometrie<br>- arbeitet selbständig, sauber und ordentlich im Heft<br>- räumliche Orientierung fällt schwer<br>- Merkmale bereits gelernter geometrischer Figuren gefestigt<br>- Umgang mit Lineal und Bleistift gut koordiniert | - Denkoperation auf Basis konkreter Anschauung und gegenständlich – praktischen Handelns<br>- kurze Aufmerksamkeitsspanne, konzentrationsschwach |
| Sonderpädagogische Konsequenzen | | | | | |
| - Förderung der Eigeninitiative und Ergebnisfreude zur Lernmotivation<br>- Förderung der Selbständigkeit und des Selbstbewusstseins durch eigene Arbeitsaufträge bzw. Selbstkontrolle | | - Übungen im visuellen Bereich zur räumlichen Orientierung durch z.B. Bildvergleiche, Ordnungsverhältnisse, etc. | - Loben der entwickelten Selbständigkeit<br>- Motivation zum selbständigen Arbeiten<br>- Übungen zur Selbst- und Fremdeinschätzung in Auswertungsgesprächen | - Handlungsvorstellungen durch klar strukturierte, in der Reihenfolge feststehenden Handlungsabläufen | - Handlungsvorstellungen durch klar strukturierte, in der Reihenfolge feststehenden Handlungsabläufen |

19

## 4. Verlaufsplanung

| Zeit/ didakt. Fkt. | Lehrer – Schüler – Aktivität | Sozialform | sonderpädagogischer Kommentar | Medien |
|---|---|---|---|---|
| **MO/Hinf.** 5 min | *Hinführung* <br> L/S: Kontrolle der Arbeitsmittel (Bleistift, Lineal, Radierer; Hefte) > Ablagen <br> L: Hinweis auf den Stillekönig <br> L: enthüllt das „Gespensterschloss" und motiviert die Kinder zu freien Äußerungen | gelenktes UGspr. | - Aufbauen eines Spannungsbogens und Motivierung durch die Gespensterburg und Geschichte (alle) <br> - Satzmusterangebote erleichtern die Äußerungen zu den Gespenstern (G.) (J., S., V.) | Schloss aus Pappe; Gespenster |
| **ZO/MO** 1 – 2 min | *Wir lernen geometrische Formen kennen* <br> L: Wir lernen neue geometrische Formen kennen und benennen. Wir helfen den G. in ihr Schloss zurück und erforschen Dreieck, Viereck, Quadrat und Kreis. | Plenum | - die Piktogramme bieten Orientierungshilfe hinsichtlich des Std.-Ablaufs für die Schüler (K., Ch., Philipp) | Piktogramme[3] |
| **E** 10-15 min | *Hilfe, der Schlüssel zum Schloss ist weg!!* <br> L: knüpft an die Geschichte an und eröffnet, dass die Gespenster ihren Schlüssel zum Schloss verloren haben und nun durch die Fenster klettern müssen. Nun sollen die Kinder ihnen helfen. <br> S: ordnen die Gespenster den Formen nach zu <br> L: Wir wollen uns nun die Merkmale der Formen genauer betrachten. Warum heißt das Dreieck „Dreieck"? etc. <br> S: Das D. hat nur 3 Seiten. etc. <br> L: nun fällt der L. auf, dass die G. ihre Säckchen verloren haben. Die Schüler sollen herausfinden, was sich in den Säckchen befindet. | gelenktes UGspr. <br><br> PartnerA | - das eigenständige Formulieren der Merkmale ist wichtig für den Erkenntnisprozess, die Zuordnung der Formen am Modell, im Tastsack bzw. an der Tafel (J., M., K.) <br> - evtl. die Begriffe „gegenüberliegend" etc. nachstellen <br> - in Partnerarbeit sollen die Schüler ertasten, dass sich verschiedene Formen in dem Säckchen befinden. Anschließend sollen sie diese benennen können (J., T., S.) > Förderung der taktilen Wahrnehmung | TB, Säckchen mit den Formen |
| **F/Ü** 5 min | *Erkennen und Zuordnen von Formen* <br> L: Auf ABs sind reale Gegenstände abgebildet, die den Formen Drei-, Viereck und Kreis zugeordnet werden sollen <br> S: verbinden die Formen mit den Bildern | Plenum <br><br> Stillarbeit | - geometrische Formen begegnen uns in der unmittelbaren Umgebung ständig. Diese Aufgabe stellt den Anspruch des Transfers von Abbildern der Umwelt auf die Formen. 8alle) <br> - Fö. der Umweltenschließung & d. Wahrn. (alle) | AB |
| **Abschluss/ Auswertung** 10 – 12 min | *Zusammenfassung* <br> L: lässt anhand der vergrößerten Abb.der Ü. und anhand der G. eine Zuordnung an der Tafel vornehmen und begründen. <br> S: heften die Abb. unter die richtigen Formen <br> L: fasst mit den S. die Merkmale der Formen zusammen <br> L/S: Auswertung der Stunde (Stillekönig) | UGspr. | - Sicherung des Wissens über die Zusammenfassung an der Tafel (alle) | TB |

---

³ siehe Anhang

## 5. Anhang

Piktogramme für die Unterrichtsstunde

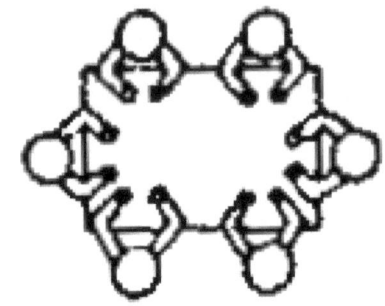

Gesprächsrunde

Fühlen der Formen

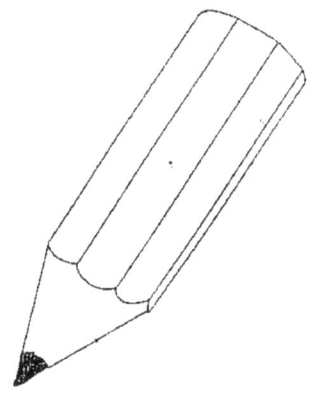

AB

Das Gespensterschloss

# Die Gespensterformen

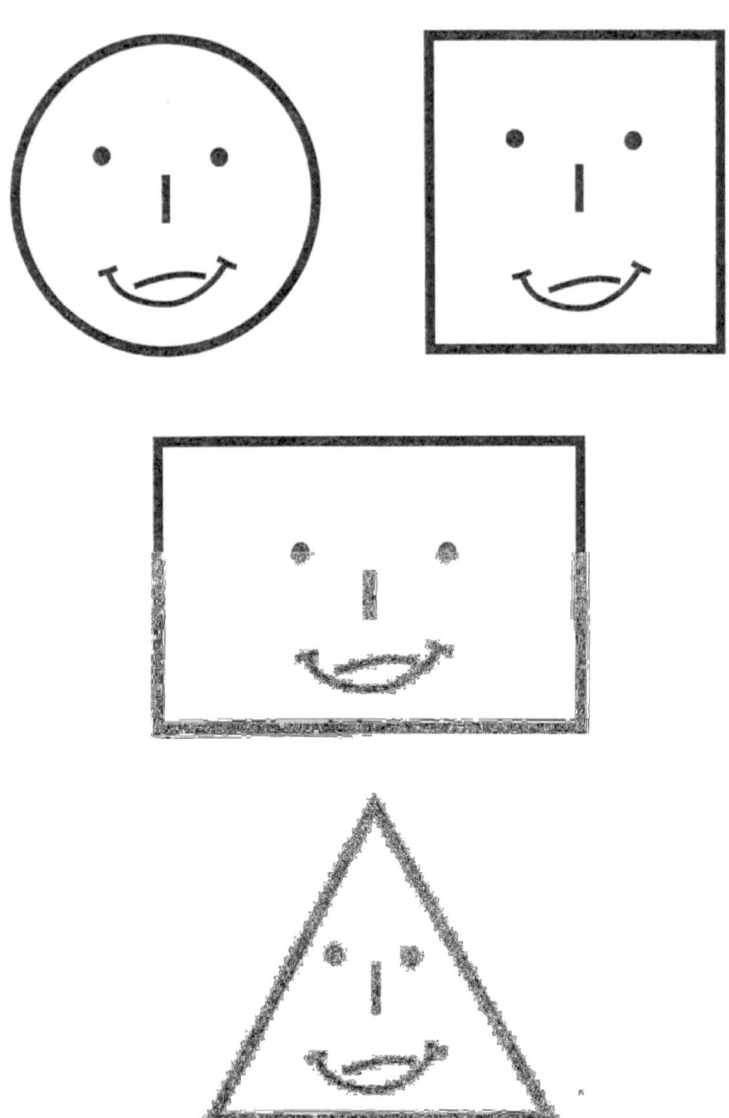

**Tafelbild als Zusammenfassung (hinzu kommen die Abb. der Übungen)**

## Literatur

- **Radatz, H./Rickmeyer, K.**: Handbuch für den Geometrieunterricht an Grundschulen, Schrödel Verlag Hannover 1991.
- **Franke, Marianne** : Didaktik der Geometrie, Spektrum Akademischer Verlag Heidelberg Berlin, 2001
- **Amm, Gottke, Siepmann**: Mathematikunterricht in der Hilfsschule Klassen 1 bis 8, Volk und Wissen 1987
- **RAAbits** Grundschule Bd.1; I/B2: „Die Gespenster von Schloss Geomeo"
- Duden: Rechnen und Mathematik, Mannheim, Leipzig, Wien, Zürich 1994.
- Brockhaus Enzyklopädie in 24 Bände: Band 5. Mannheim 1988.
- Meyers Taschenlexikon in 10 Bänden: Band 4. Mannheim, Leipzig, Wien, Zürich 1992.